LE
DOGUE DE BORDEAUX

Points caractéristiques

Arrêtés par la Section des Chiens de garde

DE LA

Réunion des Amateurs de chiens d'utilité française

Pierre MÉGNIN — Ancien Vétérinaire de l'Armée

Rédacteur en chef du journal l'ÉLEVEUR

MEMBRE DE L'ACADÉMIE DE MÉDECINE

VINCENNES

AUX BUREAUX DE L'ÉLEVEUR

ET À PARIS, 10, Boulevard Poissonnière, 10

LE
DOGUE DE BORDEAUX

BIBLIOTHÈQUE DE L'ÉLEVEUR

LE
DOGUE DE BORDEAUX

Points caractéristiques

Arrêtés par la Section des Chiens de garde

DE LA

Réunion des Amateurs de chiens d'utilité français

PAR

Pierre MÉGNIN, Ancien Vétérinaire de l'Armée

Rédacteur en Chef du journal l'*ÉLEVEUR*

MEMBRE DE L'ACADÉMIE DE MÉDECINE

VINCENNES

AUX BUREAUX DE *L'ÉLEVEUR*

6, Avenue Aubert, 6

Et à PARIS, 12, Boulevard Poissonnière, 12

1896

LE

DOGUE DE BORDEAUX

—

Comme des industriels anglais sont en train de nous démarquer une de nos meilleures races de chiens d'utilité français, il est temps d'y mettre le holà et de sauver cette belle race du sort que subissent nos bassets Lane et Le Coulteux. Pour cela, nous allons commencer par en faire l'histoire, puis nous en fixerons les points caractéristiques que nous soumettrons à l'approbation des membres compétents qui s'occupent de cette race et qui font partie du *Comité des amateurs de chiens de garde et de berger français*, dont nous avons annoncé la constitution dans le numéro de l'*Eleveur* du 1ᵉʳ mars de la présente année. Ce comité a été fondé en vue surtout de la conservation et du perfectionnement de nos belles races de chiens d'utilité, que la Société dite d'*Amélioration des races de chiens en France*, pour justifier son titre, n'a trouvé rien de mieux que de les faire juger par un étranger ! Procédé qui a soulevé la réprobation unanime de tous nos éleveurs français.

Histoire du Dogue de Bordeaux. — Les Dogues de Bordeaux, comme les autres dogues européens, descendent de l'antique *Molosse*. Ils doivent leur nom à ce qu'ils étaient très employés autrefois par les bouchers de Bordeaux, et ils étaient si féroces qu'une ordonnance de police obligeait leurs propriétaires à les tenir solidement attachés et muselés.

Le Dr Frank, un collaborateur du *Stock Keeper*, qui a publié dans ce journal, en 1886, une étude comparative des dogues français et anglais et dés bouledogues, dit, à propos du Dogue de Bordeaux comparé au Mastiff : le Dogue de Bordeaux a beaucoup mieux conservé que le Mastiff les caractères de force du molosse des Celtes et c'est le vrai descendant du célèbre compagnon de nos aïeux. Sa force est prodigieuse, il faut un homme des plus vigoureux pour lui résister ; ses mâchoires sont terribles. On rencontre encore quelques beaux spécimens de cette race sur les frontières d'Espagne, mais ils sont devenus très rares. Dans les provinces pyrénéennes, où les combats de taureaux et d'ours sont encore en vogue, on les voit alors se mesurer avec ses animaux.

Hors de son pays d'origine et dans les temps modernes, il n'a été question pour la première fois du Dogue de Bordeaux qu'en 1863, lors de la première exposition canine organisée à Paris.

Cette exposition, qui eut lieu au Jardin d'acclimatation sous le patronage des plus hautes sommités scientifiques, cynégétiques et artistiques et sous la direction de **M. de** Quatrefage, de l'Institut, fut splendide : sur 1,000 chiens présentés, près de 200 furent éliminés, — après un examen minutieux qui exigea trois jours, — comme n'étant pas de race suffisamment caractérisée. 10,770 francs et de nombreuses œuvres d'art de Jadin, de Ch. Jacques, de Philippe Rousseau, de Godin, furent distribués en primes.

« Ce n'était point un spectacle de curiosité et encore moins un marché qu'on s'était proposé d'ouvrir. On voulait, sous un point de vue autant scientifique que pratique, réunir une collection de chiens aussi complète que possible, afin de distinguer les races pures, utiles ou d'agrément et les croisements bons à conserver, faire en un mot une étude et une revision générale de l'espèce; de là, le titre d'universelle donnée à cette exposition » (1).

Depuis cette première exposition, beaucoup d'autres ont suivi. Mais quelles différences ! surtout dans l'esprit qui préside actuellement à leur organisation ! Autres temps, autres mœurs !...

A l'occasion de cette belle exposition canine de 1863, des rapports furent rédigés sur chaque catégorie par des juges d'une parfaite compétence, et ces documents sont d'une lecture extrêmement intéressante.

Ce fut **M.** Pierre Pichot qui rédigea le rap-

______

(1) Bulletin de la Société zoologique d'acclimatation : compte rendu de l'exposition canine de 1863.

port sur la catégorie des chiens d'utilité et, à propos des dogues, il dit ceci : « Nous avons peu de choses à dire des Dogues, dont un seul de la grande race de Bordeaux méritait une mention particulière. C'était là encore une classe mal représentée ; les individus des races de ce groupe qui se trouvaient à l'exposition, étaient en général fort médiocres et il n'y avait aucun type de ces beaux dogues anglais (*English Mastiffs*) couleur isabelle avec le museau noir ».

Le Dogue de Bordeaux qui seul méritait une mention particulière, d'après **M.** Pierre Pichot, portait le nom de *Magenta* et avait été exposé par M. Radigué. Il remporta le premier prix des Dogues (une médaille d'or de 150 francs donnée par la Ville de Paris).

Le 2e prix (une médaille d'argent de 75 fr.) fut décerné à un chien dogue espagnol du nom de *Pataud*, exposé par M. Ravaux.

Magenta était de grande taille (0^m70) et de couleur fauve ardent, sans masque noir.

La deuxième exposition canine française eut lieu en 1865, mais nous n'avons malheureusement aucun renseignement sur les dogues de Bordeaux exposés, si toutefois il y en eut, et il nous faut arriver à 1883 pour pouvoir renouer la chaîne de l'histoire de ces chiens.

Dans la collection de photographies que **M.** de Saint-Senoch exécutait alors des chiens lauréats, et que nous avons cherché à réunir aussi complète que possible, nous trouvons

BATAILLE, dogue de Bordeaux, prix d'honneur en 1883.

un dogue de Bordeaux, à M. Fontan, *Bataille*, lauréat de l'exposition qui eut lieu aux Tuileries en 1883. *Bataille* n'avait que 67 centimètres de taille et était petit-fils de *Mina*, un chien célèbre dans le Midi par ses victoires dans les combats de taureaux et d'ours ; il avait tué plusieurs ours seul et sans collier. *Mina* était grand et mesurait 76 centimètres de taille.

La photographie de *Bataille*, dont nous donnons la reproduction plus haut, est bien caractéristique et donne une bonne idée de la conformation du vrai Dogue de Bordeaux dont la tête est, non pas ronde comme celle du mastiff, mais semblable à un bloc mal équarri dont les dimensions, relativement au reste du corps, ne sont atteintes chez aucune autre race de chiens.

A l'exposition canine de 1884, apparaît *Marius*, frère de même portée de *Bataille*, mais en différant par une plus grande taille : 74 centimètres et, de plus, il a la couleur du mastiff anglais, moins le masque noir ; il remporte le prix d'honneur et la médaille donnée par le ministre de l'Agriculture.

Avec *Marius*, apparaît la preuve que l'éleveur principal de Dogues de Bordeaux, craignant sans doute, par l'exemple de *Bataille*, de voir baisser la taille de ses chiens, a introduit du sang de mastiff et cela au grand détriment de la race, car dans les expositions qui suivent immédiatement celle de 1884, on ne voit plus, sous l'étiquette de *dogues de Bordeaux*, que de mauvais mastiffs, et *Marius* continue seul à représenter un peu convenablement la race. Si l'éleveur en question avait connu l'opinion de l'auteur anglais, le docteur Franck que nous avons cité, et qui regarde le Dogue de Bordeaux comme bien supérieur au mastiff, il se serait bien gardé d'opérer ce croisement et se serait borné, pour conserver les caractères de sa précieuse race, à faire de la sélection et à revenir à l'hygiène des chiens de bouchers à laquelle ils devaient certainement leurs qualités exceptionnelles.

A l'exposition de Paris de 1887, figure cependant, avec un certain nombre d'autres très médiocres, un assez bon chien, *Lion*, à M. Moreul, qui reçoit un premier prix.

A l'exposition canine de 1888, se montrent, au milieu de plusieurs mauvais chiens à masque noir, deux bons Dogues de Bordeaux sans masque, quoique de couleur fauve trop claire : *Ramus*, à M. Blancher qui, avec le premier prix, reçoit la médaille d'or décernée par le ministre de l'Agriculture, et un jeune chien d'avenir, un 2ᵉ *Marius*, à Mme Joly, et qui reçoit le 2ᵉ prix.

A l'exposition de 1889, reparaissent les trois chiens précédents : *Lion* à M. Moreul et *Ramus*, à M. Blancher, qui reçoivent des rappels de leur premier prix, et *Marius* second, à Mᵐᵉ Joly, qui reçoit le premier prix, à la grande fureur de M. Fontan, qui aurait voulu ce prix pour un jeune chien de dix-huit mois, à lui, *Raoul*, promettant beaucoup, mais défiguré par un masque noir, caractère que cet éleveur voulait à tout prix faire admettre par le jury.

En 1890 et 1891, rien à signaler, c'est le règne des médiocrités à masque noir et nous regardions la belle race des Dogues de Bordeaux comme ayant perdu tout intérêt, — comme en témoigne ce que nous en disons d'elle dans notre *Traité des races de chiens*, 1re édit. — lorsque tout à coup elle revient brillamment sur l'eau, en 1892, aux expositions de Paris, de Rouen et de Spa, avec *Buffalo* et *Sultane*, à M. Eisler.

C'était de vrais types, bien semblables, qui pouvaient servir de base pour établir la caractéristique de la race de *Dogues de Bordeaux*.

Ils n'étaient ni Mastiffs, ni Bouledogues, tout en étant intermédiaires entre ces deux races. Si le corps se rapprochait, comme conformation, de celui du Mastiff, ils avaient la tête beaucoup plus volumineuse, proportionnellement au corps, et les babines, surtout les inférieures et les commissures des lèvres, beaucoup plus tombantes, à la façon des bouledogues. Comme chez ceux-ci, il y avait inégalité de longueur entre les deux mâchoires, mais beaucoup moins prononcée, la différence ne dépassant pas un centimètre et n'étant pas appréciable ni visible quand la gueule était fermée. Ils n'avaient pas non plus le masque noir.

La robe était uniformément fauve clair avec

la face un peu rougeâtre, et la truffe se rapprochant de cette couleur.

Sultane est morte, mais *Buffalo* vit encore au moment où nous écrivons ces lignes, et est la propriété de M. Ludovic Bouthéon, de Saint-Etienne (Loire). Ces deux chiens, nous le répétons, nous parurent pouvoir servir de types pour caractériser la race des Dogues de Bordeaux, et c'est d'après eux que nous donnâmes la description suivante de la race :

Corps trapu et très vigoureux, un peu moins haut que celui du Mastiff, mais s'en rapprochant comme conformation générale ; poitrail large, membres vigoureux, pattes très fortes, encolure de taureau, tête énorme à front large et carré, à museau volumineux et court, la mâchoire inférieure dépassant légèrement la supérieure, mais ce détail est dissimulé par les lèvres qui sont grandes et pendantes, la peau de la tête très lâche formant de gros plis sur les joues et aux commissures des lèvres, plis symétriques semblables, mais moins profonds sur le front et au-dessus des yeux. Couleur générale fauve uniforme plus ou moins clair, sans masque noir, face un peu rougeâtre, truffe brune-rougeâtre.

Voici les mesures des deux types en question :

BUFFALO, dogue de Bordeaux, actuellement à M. Ludovic Bouthéon,
prix d'honneur, Paris, Rouen, Spa, en 1892.

SULTANE, à M. Eisler, prix d'honneur, Paris, Rouen et Spa, en 1892.

	Sultane	Buffalo
Taille : hauteur du garrot. . . .	0^m,66	0^m,70
Mesure du bout du nez à la naissance de la queue . .	1^m,00	1^m,07
— de la longueur de la queue.	0^m,43	0^m,43
— du bout du nez à l'os de la nuque	0^m,23	0^m,25
— du tour de la tête en arrière des yeux. . . .	0^m,57	0^m,59
— du tour du museau au milieu	0^m,37	0^m,41
— du tour de la poitrine . .	0^m,86	0^m,90
— du tour du ventre	0^m,68	0^m,70
— du tour du bras, près du coude.	0^m,27	0^m,27
Poids. . . .	50 kil.	55 kil.

A propos de ces *Dogues de Bordeaux*, notre confrère du *Stock-Keeper*, de Londres, qui était juge à l'Exposition des Tuileries de 1892, frappé de l'aspect des chiens de M. Eisler, en donna, dans le numéro de son journal du 22 juillet de la même année, une appréciation accompagnant une reproduction de la photographie de *Sultane*, et dont nous donnons la traduction.

« Une mention spéciale est due à *Sultane*, la chienne magnifique de M. Charles Eisler, qui a gagné, deux années de suite, les premiers prix, et en plus, cette année, le prix spécial de la Ville de Paris, battant *Raoul*, jusqu'alors le grand lauréat de la section.

« Le photographe a habilement saisi la pose du formidable animal sur le large parapet du jardin des Tuileries, où il fait l'effet d'une statue taillée dans la pierre. Cette reproduction donne à nos lecteurs une meilleure idée de cette race extraordinaire que les mots ne pourraient le faire ; elle montre bien le grand corps de la chienne et sa robuste et solide ossature. Ce qui frappe surtout, c'est sa tête énorme sillonnée de rides profondes, sa vaste gueule, ses lourdes joues pendantes et ses mâchoires puissantes, capables de faire de cruelles morsures.

« Un portrait de profil aurait montré que le chanfrein est légèrement arqué. Mais c'est seulement en soulevant ses lourdes lèvres qu'on voit ses formidables défenses : ses dents sont celles d'un chien deux fois plus grand.

« *Sultane* est de la couleur d'un lion fauve, avec la tête rousseâtre. Elle a les oreilles coupées. Aucune généalogie n'est donnée dans le catalogue, sinon qu'elle est née le 5 mai 1889.

« Ces grandes races de chiens qui, autrefois, étaient employés à combattre les animaux sauvages, le sont encore dans le Midi, mais entre eux, ou contre des ânes qui, dit-on, savent parfaitement se défendre à coups de pied, quelques dangereux et féroces que soient leurs adversaires.

« Pour un Anglais, le *Dogue de Bordeaux* a l'apparence d'un petit *Mastiff* avec la tête d'un *Bouledogue*. »

Dans notre galerie des beaux types de Dogues de Bordeaux, mérite de figurer *Caporal*, dont nous avons déjà parlé dans l'*Éleveur*, en donnant son portrait que nous fai-

CAPORAL, dogue de Bordeaux, à MM. Delout et Vaurez (d'après une photographie).

sons encore figurer ici. *Caporal* est mort l'année dernière et était dans le plein de sa réputation aux environs de 1889. Il n'a jamais figuré à l'Exposition des Tuileries, mais il était bien connu au pied des Pyrénées, comme le champion tenant le record des combats de taureaux, ce qui lui avait valu l'épithète d'*imbattable*; il avait la tête couverte de nobles cicatrices Il appartenait à M. Fallière qui tenait le buffet de la gare de Tarbes.

Dans ces dernières années, il fut acquis de compte à demi par MM. Delaut et Vaurez pour leur servir en qualité d'étalon.

M. Vaurez, qui habite la banlieue de Paris et est bien connu comme exposant à la Terrasse des Tuilleries, a continué seul l'élevage des Dogues de Bordeaux qu'il pratique avec succès. C'est lui qui nous a communiqué la photographie de *Caporal* que nous avons reproduite et que M. Delaut avait fait exécuter lorsque le chien avait sept ans.

Au dos de cette photographie se trouvaient les renseignements suivants :

Poids : 108 livres.

Hauteur du garrot : 0 m. 62 centimètres.

Tour de la tête : 0 m. 65 centimètres.

Couleur fauve pâle.

La mâchoire inférieure dépassait légèrement la supérieure.

Nous venons de dire que M. Vaurez continue à se livrer avec succès à l'élevage des Dogues de Bordeaux. Il a pour étalon *Rolland*, un de ses élèves, très beau type qui a eu un premier prix et un prix d'honneur à Bordeaux en 1893, un premier prix et le prix d'honneur offert par le Président de la République à Paris en 1895.

Rolland est par *Raoul*, hors de *Qully*.

Raoul, premier prix en 1892 et prix d'honneur, Paris 1893, est par *Lion*, premier prix, Paris 1883, hors de *Vénus*, premier prix 1889.

Qully est par *Hercule*, hors de *Diane*.

Diane par *Ramus*, hors de *Lionne*.

Nous donnons le portrait de *Rolland*, d'après un dessin exécuté d'après nature par son propriétaire et voici ses proportions :

Hauteur du garrot : 0 m. 72 centimètres.

Longueur de la tête, de la nuque au bout du nez : 0 m. 28 centimètres.

Tour de la tête en arrière des yeux : 0 m. 65 centimètres.

Tour du museau au milieu : 0 m. 41 centimètres.

Longueur du corps de la nuque à la naissance de la queue : 1 m. 12 centimètres.

Longueur de la queue : 0 m. 45 centimètres.

Tour de la poitrine : 0 m. 95 centimètres.

Tour du ventre : 0 m. 75 centimètres.

Tour du bras près du coude : 0 m. 28 centimètres.

Hauteur des lippes : 0 m. 15 centimètres.

Ecart des lippes tirées horizontalement : 0 m. 35 centimètres.

Les incisives inférieures dépassent les supérieures de 0 m. 01 centimètre.

ROLLAND, dogue de Bordeaux, à M. Vaurez, de Paris.

OTHELLO, dogue de Bordeaux, à M. le Dr Viard, de Saint-Etienne (Loire).

Largeur de la patte de devant posée à terre :
0 m. 09 centimètres.

Poids : 56 kilos.

Couleur fauve à masque fauve.

Un frère de *Rolland*, né aussi chez M. Vaurez qui l'a cédé au Dr Viard, de Saint-Etienne (Loire), chez qui il est encore actuellement, c'est *Othello*, un beau type digne aussi de figurer dans notre galerie.

Othello, dogue de Bordeaux (L. O. F. 2959), né le 28 mars 1893 (âgé par conséquent de trois ans). *Othello* est par *Marius II*, à **M.** Crisochon, hors de *Qully*, à **M.** Vaurez, éleveur. Descendant par conséquent de *Marius* et de *Ramus*; prix d'honneur Paris.

Othello peut être compté parmi les plus beaux Dogues de Bordeaux de la « nouvelle génération. »

Masque fauve foncé, robe fauve clair, tête admirable, énorme, plissée, masque extrêmement plissé, poitrail large, trapu, pattes énormes, etc.

Voici d'ailleurs quelques mensurations :

Tête : Mesures prises au-devant des oreilles (tour du masque) : 0 m. 64 centimètres.

De la nuque au bout du nez : 0 m. 28 centimètres.

Longueur du museau, c'est-à-dire du bout du nez à la racine (du niveau des yeux) : 0 m. 10 centimètres.

Hauteur du chien prise au garrot : 0 m. 68 centimètres à 0 m. 70 centimètres.

Tour de poitrine pris en arrière des membres antérieurs : 0 m. 87 centimètres.

Longueur du chien, du sommet de la tête à la naissance de la queue : 1 mètre.

Longueur totale du bout du nez à la pointe de la queue : 1 m. 55 centimètres.

Tour du cou au niveau du collier : 60 à 62 centimètres.

Poids d'*Othello* : 110 livres.

Othello a concouru à treize mois avec *Buffalo* et autres Dogues rangés dans une classe, sous la rubrique : *Dogues divers et chiens de garde*; il a obtenu le second prix (unique); *Buffalo*, premier prix (Exposition canine de Saint-Etienne, avril 1894).

En mai 1894, à l'Exposition canine de Paris, *Othello* a concouru; mais le jury N'A RIEN AC-CORDÉ AUX DOGUES DE BORDEAUX À MASQUE ROUGE ! sauf à *Buffalo* qui, après avoir obtenu le prix d'honneur en 1893, a eu le deuxième prix ! Tous les Dogues à masque noir *ont été récompensés*. — Caprice du jury, incompétence ou ignorance !

Inscrit en 1895, à l'Exposition canine des Tuileries, *Othello* n'a pu être expédié à temps; en sorte qu'il n'a pas concouru l'année dernière, 1895, à Paris.

Nous donnons ci-après le portrait d'une fille de *Rolland* : *Nelly*, — qui est actuellement la propriété de M. Garnotel, — avec son pédigrée et ses dimensions :

Nelly est de couleur fauve clair avec le masque un peu foncé qu'elle a hérité de son

NELLY, chienne dogue de Bordeaux, à M. Garnotel, par *Rolland* hors *Paulette.*
Rolland, par *Raoul* hors *Dully.* — *Paulette,* par *Caporal* hors de *Diane.*

NÉRO, dogue de Bordeaux, à M. Léonnard, greffiier du Tribunal de Bonneville (Haute-Savoie). — *Néro* est fils de *Rolland*, à M. Vaurez; il a 14 mois, pèse 50 kilos, mesure 0,69-70 à l'épaule et a 0,58 de tour de tête.

grand-père *Raoul* qui avait le masque noir.

Hauteur du garrot	0^m,67
Longueur du bout du nez à la naissance de la queue.	1^m,05
Longueur de la queue.	0^m,42
Longueur de la tête, du bout du nez à la saillie de la nuque	0^m,30
Tour de la tête en arrière des yeux.	0^m,64
Tour du museau en avant des yeux	0^m,40
Tour de la poitrine.	0^m,99
Tour du ventre (la bête est pleine de quelque temps).	0^m,89
Tour du bras près du coude	0^m,25
Hauteur des lippes	0^m,16
Ecart des lippes tirées horizontalement. . .	0^m,36

Poids : 45 kilos.

Nous donnons encore le portrait d'un autre fils de *Rolland* : *Néro*, qui a le masque noir comme son père, et appartient à M. Léonnard.

Nous avons dit qu'à une certaine époque, il y avait eu certainement introduction du sang de Mastiff chez notre Dogue de Bordeaux et que là était l'origine de la robe café au lait, de la face noire et de la taille plus élevée que certains sujets avaient acquises. A force de rechercher et de multiplier les enquêtes, nous avons fini par apprendre comment la chose s'était faite : c'est en 1888, près d'un cirque, tenu par un anglais, M. Boston, à Paris, que trois éleveurs de Dogues de Bordeaux bien connus, Guayrand, Oblan et Fontan, firent couvrir leurs chiennes en chaleur par un puissant Mastiff que possédait un artiste du dit cirque, le premier à la date du 14 juin et Fontan un mois plus tard le 15 juillet. En outre, bien auparavant, un nommé Pouy avait acheté, un Mastiff énorme et c'est de cette souche que descendent les Dogues exposés par M. Blanchet qui remportèrent les premiers prix des masques noirs.

Ce croisement, aidé de l'ignorance de certains juges, a manqué nous faire perdre notre belle race de Dogues de Bordeaux ; n'a-t-on pas vu en effet, en 1894, à l'Exposition des Tuileries, toutes les récompenses être attribuées aux masques noirs, à l'exclusion des autres ?

Heureusement que les éleveurs se sont repris et qu'avec un peu de persévérance, il sera facile de revenir au vrai type du Dogue de Bordeaux : il suffira d'éliminer de la reproduction tout ce qui s'en écartera et nous avons maintenant tous les éléments pour le fixer.

Lorsqu'un croisement a été opéré, il ne s'agit pas, comme certains zootechniciens d'occasion le croient, d'un mélange de sang par parties égales et dont l'influence se fait sentir jusqu'à la fin des siècles, ce qui permet de compter par demi-sang, par quart de sang, par huitième de sang, etc., etc., les générations successives. Rien n'est moins vrai que l'influence égale des reproducteurs, et la persistance de cette influence, surtout chez le chien : tantôt tous les produits ressemblent au père, tantôt tous ressemblent à la mère, tantôt une partie des chiots a les caractères du mâle, une autre partie ceux de la femelle et une troisième est constituée par un *méli-mélo* où l'influence des parents est tout à fait indo-

Le Dogue de M. Chatenoud.

sable ; on y retrouve même souvent des caractères d'un ascendant à un degré plus ou moins
éloigné (atavisme). Voilà pourquoi nous avons
pu voir, dans des portées de chiens à masques
noirs, des chiots sans masque, c'est-à-dire un
retour au Dogue de Bordeaux pur, et dans une
portée de chiens sans masque, quelques
chiots à masques noirs, c'est-à-dire un retour
au Mastiff.

Parmi ces derniers, il y a souvent de splen-
dides animaux, et nous comprenons la fierté
de leurs propriétaires à les posséder. Tel est
celui dont nous donnons le portrait d'après
une photographie et qui appartient à M. Chatenoud, de Lyon. Si, à ce portrait, nous joignons les mesures que nous a envoyées son
propriétaire et que nous les comparions à
celles d'un vrai Mastiff, on verra qu'il est bien
plus Mastiff que Dogue de Bordeaux, ce qui ne
lui enlève, bien entendu, aucun de ses mé-
rites, comme chien fort et puissant.

Voici les mesures du chien de M. Chatenoud :

Hauteur du garrot	0ᵐ,82
Distance du bout du nez à la naissance de la queue	1ᵐ,14
Longueur de la queue	0ᵐ,50
Distance du bout du nez à la saillie de la nuque	0ᵐ,28
Tour de la tête en arrière des yeux	0ᵐ,67
Tour du museau au milieu	0ᵐ,44
Tour de la poitrine	1ᵐ,10
Tour du ventre	0ᵐ,89
Tour du bras près du coude	0ᵐ,29
Tour du cou	0ᵐ,70

Poids : 82 kilog.

Comparons maintenant ces dimensions avec celles d'un vrai Mastiff, champion des Expositions anglaises, *His Lordship*, telles que nous les trouvons dans le livre *British-Dogs*, d'Hugh Dalziel (nous avons réduit les mesures anglaises en centimètres) :

Hauteur de l'épaule. 0ᵐ,84
Distance du bout du nez à l'origine de la
    queue 1ᵐ,35
Longueur de la queue. 0ᵐ,56
Tour de la tête 0ᵐ,54,7
Distance de l'occiput au bout du nez. . . 0ᵐ,30,5
Tour du museau au milieu du chanfrein . 0ᵐ,39,5
Tour de la poitrine 1ᵐ,19
Tour du ventre et des reins 0ᵐ,91,5
Tour de l'avant-bras 0ᵐ,29

Si nous joignons à ces mesures encore la figure d'un Mastiff type (nous donnons celle de champion *Griselda*, d'après le dessinateur anglais, R.-H. Moore), nous verrons qu'avec la taille et la couleur d'un Mastiff, le chien de M. Chatenoud en diffère par un corps moins long, une tête plus carrée et plus volumineuse, un museau plus large et des babines plus tombantes, caractères qu'il a conservé du Dogue de Bordeaux.

En somme, les caractères des vrais Dogues de Bordeaux et qui le distinguent nettement du Mastiff, sont les suivants :

Un corps trapu et assez court (1 m. 10 à 1 m. 20, sans la queue).

Une taille qui oscille entre 65 et 72 centimètres.

Une tête énorme, carrée, non pas ronde comme celle du Mastiff, et bien plus volumineuse, ayant 64 centimètres de tour au minimum, et 28 à 30 centim. de longueur; à large museau, — un peu plus long et beaucoup plus

Tête du Mastiff champion *Griselda*.

carré et plus haut que celui du Mastiff, — ayant de 40 à 44 centimètres de tour; à babines longues et tombantes, ainsi que la commissure. Fortes mâchoires et dents énormes; la mâchoire inférieure dépassant la supérieure d'un centimètre environ, mais n'en laissant rien voir à l'extérieur.

Cou puissant, large poitrine, larges reins, membres forts, plus que chez le Mastiff.

Peau épaisse fortement et symétriquement

plissée sur la tête et aux joues ; couverte d'un
poil ras de couleur fauve doré uniforme, ou
à peine un peu plus foncé à la face.

On rencontre aussi à Bordeaux et aux environs, une forme dégénérée du Dogue de Bordeaux qui est un vrai bouledogue, plus petit,
à tête plus ronde, à chanfrein plus court et à
mâchoire inférieure beaucoup plus avancée et
montrant les dents. — Il y en avait un, il y a
quelque temps, au Jardin d'Acclimatation.

Le Bouledogue de Bordeaux doit sa conformation caractéristique, — comme tous les autres Bouledogues et même les bœufs *niatos*
d'Amérique, — à un arrêt de développement
des os sus-naseaux et à un développement plu-
tôt en largeur des autres os. C'est une mons-
truosité héréditaire et qui tend à s'exagérer
au fur et à mesure des générations successives, en sorte que les sus-naseaux finissent
par être réduits à rien à mesure que la taille
se rapetisse, c'est ce qu'on remarque déjà
chez les Bouledogues anglais.

C'est un spécimen de ce Bouledogue de
Bordeaux, nommé *Turc*, que certains indus-
triels anglais ont adopté comme type du
Dogue de Bordeaux d'exportation !

Turc appartenait à un garçon boulanger de
Bordeaux nommé Rieux ; c'est un bouledogue
de petite taille qui n'était nullement apprécié
à Bordeaux par les amateurs. En 1893, il
n'obtenait qu'une mention honorable et était
battu par *Rolland*, *Pietro* et *Duc*. Cette année-
là, les juges étaient des amateurs choisis

parmi les vétérinaires de la Gironde qui s'entendaient beaucoup mieux que les Anglais à juger les chiens des races locales. Cela se comprend.

Turc avait été offert sans succès pour 40 francs à l'amateur français qui nous donne ces renseignements, lorsqu'il fut ensuite acheté par un marchand anglais, avec l'aide du juge, son compatriote, pour être emmené en Angleterre comme type de notre race de Dogues de Bordeaux !

Quant à nous, membres du comité du Dogue de Bordeaux français, nous nous en tenons au type dont je viens de faire l'histoire et dont les points typiques ont été adoptés par tous les membres adhérents du Comité du Dogue de Bordeaux, section de la *Réunion des amateurs des chiens d'utilité français*, dont le siège est boulevard Poissonnière, 12, où les adhésions sont reçues.

Pierre **MÉGNIN**.

www.ingramcontent.com/pod-product-compliance
Lightning Source LLC
LaVergne TN
LVHW050646060726
842527LV00004B/1510